忘忧城

韩雨江　李宏蕾◎主编

吉林科学技术出版社

图书在版编目（CIP）数据

忘忧城 / 韩雨江，李宏蕾主编． -- 长春：吉林科
学技术出版社，2021.6
（七十二变大冒险）
ISBN 978-7-5578-8076-7

Ⅰ．①忘… Ⅱ．①韩… ②李… Ⅲ．①科学实验—少
儿读物 Ⅳ．① N33-49

中国版本图书馆 CIP 数据核字 (2021) 第 101940 号

七十二变大冒险　WANGYOUCHENG　忘忧城

主　　编　韩雨江　李宏蕾
绘　　者　长春新曦雨文化产业有限公司
出 版 人　宛　霞
责任编辑　冯　越
封面设计　长春新曦雨文化产业有限公司
制　　版　长春新曦雨文化产业有限公司
选题策划　长春新曦雨文化产业有限公司
主 策 划　孙　铭　徐　波　付慧娟
美术设计　李红伟　李　阳　许诗研　张　婷　王晓彤　杨　阳
数字美术　曲思佰　刘　伟　赵立群　李　涛　张　冰
文案编写　张蒙琦　冯奕轩

幅面尺寸　170 mm×240 mm
开　　本　16
字　　数　125 千字
印　　张　10
印　　数　1-5000 册
版　　次　2021 年 6 月第 1 版
印　　次　2021 年 6 月第 1 次印刷
出　　版　吉林科学技术出版社
发　　行　吉林科学技术出版社
地　　址　长春市福祉大路 5788 号出版集团 A 座
邮　　编　130118
发行部电话 / 传真　0431-81629529　81629530　81629531
　　　　　　　　　　　81629532　81629533　81629534
储运部电话　0431-86059116
编辑部电话　0431-81629518
印　　刷　吉林省创美堂印刷有限公司
书　　号　ISBN 978-7-5578-8076-7
定　　价　32.00 元 / 册（共 5 册）

前 言

随处可得的实验材料
让每个人都能成为小科学家

炫酷的动画 * 新奇的故事 * 奇妙的实验 * 简单的操作

　　唐吉趴在书桌前思考"古约门之盾"的奥秘，他做了一个魔幻陀螺。看着旋转的陀螺，唐吉睡着了。蓝琪、包子、孙小空的敲门声将唐吉唤醒，他们带来了"古约门之盾"的线索，几人乘坐小飞云出发了。小飞云平稳地落在了一个漂亮的城门前，"忘忧城"三个字映入他们眼帘。城里整齐地坐落着漂亮的中国古式建筑，但街上的行人都毫无生气，唐吉几人疑惑不已。城主告诉唐吉四人，这里曾经是一座令人快乐的城市，任何不开心的人来到这里，只要呼吸一口这里的空气，就可以忘却忧愁，重拾快乐，直到"他"的到来改变了这里的一切……

　　一个拥有碎片的小孩——皮皮打破了这里的宁静。他将所有快乐因子封印在碎片中，将碎片抛入锁忧潭。时间暂停，万物静止，过了1分钟，树叶恢复了摆动，潭水变为黑色。唐吉四人决定找到皮皮，寻到"古约门之盾"碎片的同时，恢复这里的快乐。

　　唐吉四人用科学实验征服了顽劣的皮皮，皮皮与唐吉四人成为了朋友。唐吉恢复了潭水的颜色，取出了碎片……

目 录

人物介绍

姓名：唐吉

* 性别：男

* 年龄：11 岁

* 梦想：成为最有智慧的人

* 性格特征：

　　唐吉为人保守，喜欢读书，终日沉浸在自己的理想世界中，梦想着有一天能成为这个世界上的智慧尊者，用自己的能力开创出一个新的思维生活空间。但不得不说，唐吉是几个孩子中懂得最多的人。

姓名：孙小空

* 性别：男

* 年龄：9 岁

* 梦想：成为一个可以拯救世界的大英雄

* 性格特征：

　　孙小空为人正直勇敢，心地善良，乐于助人，快言快语，遇到不公平的事情会挺身而出。但有点狂妄自大，法术不精，冲动的个性让他经常好心做错事，闹出很多笑话。不过愤怒会激发他的小宇宙，调动他的潜在能力。他用心地守护着身边的伙伴们，每当遇到危险时都竭尽所能带领他们逃脱困境。

姓名：猪小包

* 性别：男

* 年龄：9 岁

* 梦想：成为一个吃尽天下美食的美食家

* 性格特征：

　　猪小包小名包子，整天贪吃贪睡，胆小怕事，行动力非常差，经常拖团队的后腿。但是他没有心机，见不得朋友伤心，却又不知道自己能做些什么。可是他打个哈欠就能制造出龙卷风，处在危险境地时一个屁也能发挥神力，误打误撞地解救了朋友。没有食物的时候脾气会变得暴躁，吃饱了力气就会变得很大，是团队中的"贪吃大力神"。

姓名：蓝琪

* 性别：女

* 年龄：10 岁

* 梦想：成为一名美丽与智慧并存的勇者

* 性格特征：

　　长相甜美，非常讨人喜欢，大智若愚，善于观察。当朋友遭遇危机时，会挺身而出，救朋友于水火中。蓝琪为人和善，善于聆听，在团队里经常起到指挥的作用。

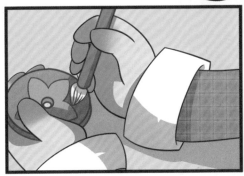

咚咚咚

是谁啊？

是我们，
唐吉！

你们怎么
来了？

有新发现，
我们快走！

咻咻咻

陀螺转动的时间与施加的力度、支点和地面的接触面积及产生的摩擦力有关。桌子是平的，房间里面没有风，估计要转一会了。

这是转了多久，居然还没停下来！

时间　　摩擦力

力度

接触面积

小飞云

我们到了！

忘忧城

爷爷您好，我们是来寻找"古约门之盾"碎片的。

哦，快请进。

爷爷，我们总是觉得这里怪怪的，这里发生了什么？

这本是一座充满快乐的城市。

心情不好的人来到这里，只要呼吸一口这里的空气，就可以忘却忧愁，重拾快乐。

锁忧潭

从此，这里便再也没有了快乐。

可恶！看我制服他！

没用的……就算制服他，也无法解除封印。

那就没有其他办法了吗？

我一直在找解除封印的办法，估计现在只有皮皮知道。

皮皮不会那么容易解除封印的，不知皮皮用了什么方法，使潭水变得浑黑无比，没有人能找得到碎片。

这有什么难的，我们去锁忧潭把碎片捞出来，让皮皮解除封印就好了。

皮皮就在锁忧潭附近守护着。我给你们画张地图，你们去试试，千万小心，我在城主府等你们。

我们先去锁忧潭看看。

不知皮皮本领到底有多强，还是与他讲和为好。

孙小空和蓝琪，放开皮皮。

我们对你没有恶意，就是想把锁忧潭里的碎片拿出来解除封印，我们打一个赌怎么样？

打赌？有意思！说来听听。

要是我们赢了，你就解除封印，并且去跟大家道歉；要是我们输了，随便你处置。

哼，你休想赢我。说吧，赌什么？

第①变
水流不出来

扫描章节最后一页，
观看实验视频教程

咱们就赌这锁忧潭的黑水，我盛出一杯水，把杯子倒置，我打赌水不会流出来。

这样我就可以趁机看看这水到底有什么蹊跷。

加油，我们相信你能做到。

这怎么可能！

杯子 ＋ 卡纸

大气压比杯子里的水压大，硬卡纸会把水牢牢地"关"在杯子里，这样杯子里的水就流不出来了。

百波跳

你敢伤害我的朋友！

哼，你能把我怎么样！

那就让你看看我的厉害！

他跑了!

我去追!

我们先扶着孙小空回城主府养伤。

城主府

我们分头寻找吧。

皮皮，我看到你了，你下来吧！

哼，休想骗我下去。

第②变

迷路的水珠

扫描章节最后一页，
观看实验视频教程

唐吉，刚才打赌，我虽然输了，但是我不服。

那你怎么才能心服口服？

唐吉，我要跟你打另一个赌，你能控制水珠移动吗？

小意思，我这就让你服输！

你看好了！首先准备一根蜡烛、一张卡纸、一根木棒、一个水杯、一个滴管。

用蜡烛在卡纸上画一道线。

蜡烛

然后唐吉用木棒拖着水珠沿着红色轨道移动，水珠也没有散开消失。

神奇的事情发生了，水珠并没有消散。

这回我心服口服了。

第一个实验卡纸能托起瓶中的水，是因为大气压强作用于纸片上，产生了向上的托力。

唐吉，你真厉害。这两个现象你是怎么做到的？

第二个是因为蜡烛是用石蜡制造的，石蜡是油性成分，不溶于水，当把水滴滴到蜡烛画的线上时，水不会跟蜡烛反应，就可以保持着圆圆的水滴形状不散开，从而随着物体移动。

我曾经也想为大家解除封印，但是进入谭水游到一半，不知道为什么怎么也游不下去了。

而且水里让我倒入了黑色染料，里面太黑，什么也看不到。解除封印的方法就是拿着碎片对着阳光照射就可以了。

对不起，是我的错！

皮皮，你可真是莽撞啊！

App 扫一扫，
观看实验视频教程

第③变
潜望镜

扫描章节最后一页，
观看实验视频教程

一杯水

镜子

防水胶布

卡纸

蜡笔

这样一会儿放入水中，纸才不会被水浸湿。

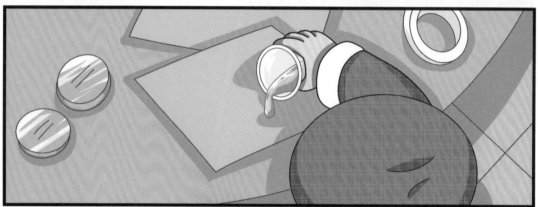

我们来做几张防水纸。

45

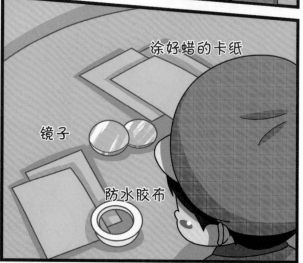

第④变

浮力

扫描章节最后一页，
观看实验视频教程

想知道浮力是什么，那我先给你们讲个故事吧！

太好了！

那是在遥远的公元前 245 年，

在古希腊有一个赫农王。

我亲爱的金匠，请用这块金子为我做一顶纯金的皇冠。

金匠会不会见钱眼开，私吞了我的金子。

做好的皇冠虽然与金块一样重，

但国王还是怀疑金匠掺假，私吞了部分黄金。

国王想鉴别皇冠的真假，却又不能破坏皇冠。

经过一位大臣建议，

国王请来阿基米德鉴定皇冠是不是纯金的。

这听起来是不可能完成的任务！

你听我讲完。

原本阿基米德也无计可施。

不过，有一天。

阿基米德在浴室洗澡。

阿基米德注意到他的胳膊浮到了水面上。

这时他脑中闪现出一丝模糊的想法。

他把胳膊完全放进水中并全身放松。

这时胳膊又浮到水面上。

他站了起来。

浴盆四周的水位下降。

再坐下去。

浴盆中的水位又上升了。

他来到王宫。

阿基米德兴奋地跳出浴池。

他把王冠和同等重量的黄金放在盛满水的两个盆里。

发现放王冠的盆里溢出来的水比另一盆多。

比较两盆溢出来的水。

这就说明王冠密度比等重的黄金密度小。

这说明两者密度不同，王冠确定掺假了。

阿基米德从中发现了浮力定律。

阿基米德真的太厉害了！

物体在液体中所获得的浮力，等于它所排出的液体所受的重力。

可是这听起来和你潜水没有太大关系啊！

除了物体不同，不同液体的密度也是不一样的，液体作为介质，所产生的浮力也不相同。

比如呢?

比如我们在海里游泳就比在湖里更容易漂浮起来。

这么神奇!

我来给大家做一个实验,你们就明白了。

您可以帮我去附近人家借一个鸡蛋和一些盐吗?

当然可以。

看，鸡蛋沉下去了，说明现在鸡蛋重力大于浮力。

浸在液体中的物体，当它所受的浮力大于重力时，物体就会上浮。

没错。

当它所受的浮力与所受的重力相等时，物体会悬浮在液体中，当浮力大于重力，物体会漂浮在液体表面。

当它所受的浮力小于所受的重力时，物体就会下沉。

鼓掌

这就是知识的力量啊！

App 扫一扫，观看实验视频教程

第5变
颜色分离

扫描章节最后一页，
观看实验视频教程

那现在我们该怎么办？

真的没有别的办法了吗？

唐吉，你快想想办法，你那么厉害，一定有办法的！

我们不能放着忘忧城的人不管呀！

你一言我一语

我们先把潭水弄清。

爷爷,有吸色布吗?也叫作色母片。

附近的人家应该有，等着我去给你取来。

爷爷等一下，我需要很多。

放心，我多去几家，争取把附近人家的吸色布都要来。

城里孩子多，难免将衣物染上色弄脏，所以各家都会备有一些吸色布。

那就麻烦爷爷，帮我们找来尽可能多的吸色布。

清澈

这是团队的力量，我们成功了！

快看，碎片在水中发光！

对，就是那块碎片，唐吉。

唐吉说我充当了搅拌工具，搅拌可以产生离心力，对液体中不同质量的物体进行分离。

是的，大家都很棒！

这潭看起来不深，我们下去把它取上来吧！

噗通

第⑥变

浮沉子

扫描章节最后一页，
观看实验视频教程

还记得我刚才讲的浮力吗？

众人点头

鸡蛋为什么能沉下去？

因为重力大于浮力。

那鸡蛋怎么浮上来的？

改变水的密度！

答对啦！

77

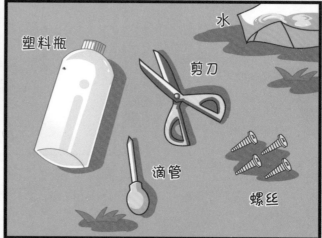

这个就是利用阿基米德原理，通过改变浮力大小实现升降的。

通过外部压强的变化改变浮沉子内部气体的体积，从而达到浮沉的目的。

制作浮沉子要掌握两个要点。

第一，浮沉子内部必须有一定量的气体。

第二，要控制好整个浮沉子的平均密度：当外界压强较小时，整个浮沉子的平均密度稍稍小于周围液体的密度。

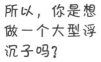

所以，你是想做一个大型浮沉子吗？

没错！

找一个储水仓，我就可以下去了。

爷爷，又要麻烦您！帮我找来一个能够储水的大球。

老者回了一趟城里。

忘忧城

过了许久，老者回来了。

唐吉向球里装满了水。

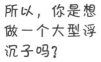

83

唐吉抱着球沉入了水下。

找到了碎片。

唐吉又将球内的水放掉。

球漂浮了上来。

成功了！

第⑦变

找秘密

扫描章节最后一页，
观看实验视频教程

众人围观

看来每一块碎片都有特殊的意义。

这是什么新鲜玩意？

这是放大镜。

放大镜是一种凸透镜。

可以帮助眼睛观察微小物体或细节部位。

为看清楚微小的物体或物体的细节，需要把物体移近眼睛，这样可以增大视角，使之在视网膜上形成一个较大的实像。

但当物体离眼睛的距离太近时，反而无法看清楚。

换句话说，放大镜要使物体与眼睛之间形成足够大的张角，并且保持合适的距离。

显然对眼睛来说，这两个要求是相互制约的，若在眼睛前面配置一个凸透镜便能解决这一问题。

不过要注意，不要用放大镜观察电灯、太阳等发光物体。

放大镜是凸透镜，平行光线通过凸透镜，光线会在凸透镜的焦点处汇聚，在强光照射下，焦点部分产生大量的能量，温度升高，非常容易着火。

没想到，这么一个小小玻璃镜，竟这么厉害。

那当然！

刚刚我觉察到这个碎片有些与众不同，咱们来观察一下。

过了一会儿……

我发现了！

看出了什么？

这块碎片上包裹着一层透明的膜。

91

那咱们可怎么办呀!

大家集思广益,想想还有什么可以加热的工具。

总不能放到锅里加热吧。

当然不行了,弄坏碎片怎么办!

那我们去哪里找火源呢?

第⑧变
神奇的蜡烛

扫描章节最后一页，
观看实验视频教程

众人期待

爷爷，有香蕉和薯片吗？

有！有！孩子们是不是饿了，我这就去拿。

过了一会儿……

黑脸

包子，你别吃了。

嗯？不是用来吃的吗？

你吃光了，我就没法变蜡烛了。

吓

用这些……变蜡烛？

冰晶薄膜消失了。

我们成功了!

耶!

第⑨变
稳固的结构

扫描章节最后一页，
观看实验视频教程

一定要让碎片充分接触空气和吸收阳光，才能解除封印。

那我们需要怎么做？

做一个什么样子的呢？

需要制作一个支架，把碎片置于阳光下等待封印解除。

为什么？

三角形！

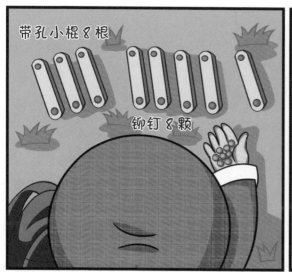

带孔小棍 8 根

铆钉 8 颗

围观

将两根小棍上的圆孔对齐。

用铆钉进行固定。

用 3 根带孔小棍拼接成一个三角形。

4 根拼成一个正方形。

拉扯按压两个小架子。

发现正方形变形。

将已经变形的小架子对角线用小棍连接。

再次按压

不再变形。

还真是三角形就不会变形啊。

三角形具有稳定性，有着稳定、坚固、耐压的特点。

所以生活中很多建筑和物体都设计成三角形的结构。

如埃及金字塔、起重机、三角形吊臂、屋顶、三角形钢架、钢架桥和埃菲尔铁塔都以三角形形状建造。

当三角形三条边的长度均确定时，三角形的面积、形状完全被确定，这个性质叫作三角形的稳定性。

将三根木棍切割成一样的长度。

在木棍的中间刻上一些圆孔的结构。

最后用绳子固定。

然后用榫钉穿过三根木棒中间。

稳定的三角形支架做好啦!

激动

坐立不安

碎片吸收着
阳光。

越来越闪耀

过了好一会儿……

第⑩变

照镜子

扫描章节最后一页，
观看实验视频教程

我们继续观察碎片有没有变化吧。

碎片静静地吸收着阳光。

等待……

太阳落山

天色渐渐暗下来……

啊！

啊！

啊！

啊！

突然……

点点荧光充满了整座城。

我闯了这么大的祸，看来我只能离开了。

孩子，留下来吧！

第⑪变

无字书

扫描章节最后一页,
观看实验视频教程

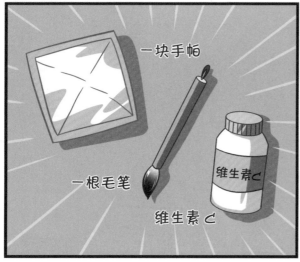

加入一片维生素C，倒入清水。

搅拌直到维生素C片完全溶解。

在纸上写字。

好了。

什么也没有呀？

疑惑

这是我送给孩子们的一封无字书。

这里有我对他们最真挚的祝愿。

不过，我到底写了什么，还需要他们自己去破解。

孩子，谢谢你！他们一定会像你们一样聪明、善良。

挥手告别

我们再在这城里逛一逛吧。

同意

133

唐吉小课堂

碘酊又称为碘酒，为红棕色的液体，主要成分为碘、碘化钾。

碘酒中的碘具有氧化性，而维生素C具有还原性，两者可以发生氧化还原反应。

所以，纸上涂有维生素C液的地方与碘酒接触后会显示为无色。

App 扫一扫，观看实验视频教程

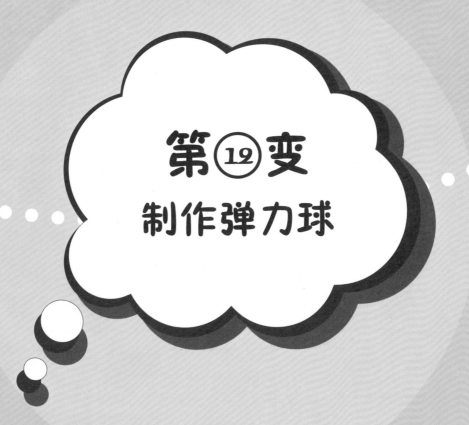

第⑫变
制作弹力球

扫描章节最后一页，
观看实验视频教程

好吧！咱们制作弹力球，送给孩子们。

五颜六色的硼砂颗粒

热水

塑料杯

球形模具

将球形模具的两半对起来合在一起，球形模具上方会留有一个小孔。

然后，将硼砂颗粒从球形模具小孔里倒入装满。

把球形模具放在塑料杯里，倒入清水，将水没过模具。

把球形模具从杯子里取出来，晾干，两小时后打开。

把彩色小球从模具里取出，然后捏一捏小球，感受小球的弹力。

这样弹力球就做好了。

哇！

哥哥，好多的弹力球啊，好漂亮！

谢谢哥哥、姐姐。

孩子们，你们喜欢就好。

唐吉，快给我们讲讲原理吧！

唐吉小课堂

硼砂的主要成分是四硼酸钠，四硼酸钠与水充分混合后发生了反应：硼砂与水里的水分子结合在一起，形成具有弹性的凝胶。

弹力球碰击地面是产生弹性形变，地面和球相互产生反作用力，球受力加速，便向上"飞起"。

App 扫一扫，观看实验视频教程

物体间力的作用是相互的，你对它施加的力越大，反作用力也越大，力是物体产生运动的根本原因。

孩子们，明白了吗？

唐吉哥哥，我们听懂了！

第⑬变
制作粉笔

扫描章节最后一页，
观看实验视频教程

先将石膏粉盛入塑料杯中。

粉笔模具

小勺

石膏粉

塑料杯

双面胶

搅拌

再倒入清水，搅拌均匀。

将粉笔模具的底部用双面胶封口。

将石膏溶液倒入粉笔模具中。

装满后竖直放置在阴凉处晾干。

开心

孩子们，你们知道制作粉笔的原理吗？让哥哥给你们讲解一下。

好啊！好啊！

唐吉小课堂

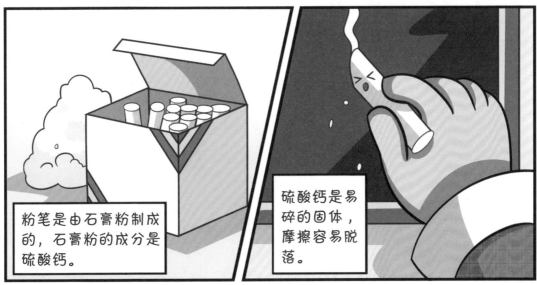

粉笔是由石膏粉制成的，石膏粉的成分是硫酸钙。

硫酸钙是易碎的固体，摩擦容易脱落。

安全 ✓
无毒 ✓

粉笔用石膏粉制作，主要是因为石膏粉性能稳定，安全无毒。

孩子们，听懂了吗？

第⑭变
自制汽水

扫描章节最后一页，
观看实验视频教程

他和我一样
喜欢陀螺。

哪里有好喝的汽水啊？

包子，我教你做汽水吧！

这你都会，好啊！

首先我们得准备白糖、小苏打、柠檬酸、饮料瓶和白开水。

往空饮料瓶里倒入两勺白糖。

然后倒入一勺小苏打。

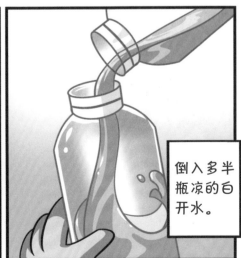

倒入多半瓶凉的白开水。

最后加入一勺柠檬酸。

迅速拧紧瓶盖，不让里面的气体跑出来。

多摇晃几下，放置20分钟左右就制作完成了。

哇！唐吉，你太棒了！

惊讶不已

唐吉快给我们讲讲原理吧！

唐吉小课堂

汽水是带有气体的饮料，汽水中的气体一般是二氧化碳。

CO_2

小苏打和柠檬酸混合在一起会反应生成二氧化碳。

汽水能够不断产生气体就是因为其中有二氧化碳的存在。

二氧化碳溶解于水成为碳酸，使液体产生酸味，碳酸略有刺激性，口感好。

又要走了，我很舍不得大家。

谢谢你们，解救了忘忧城，让我们恢复了欢乐。

能帮到你们，我们很高兴，希望你们生活得越来越好。

156

爷爷、皮皮、孩子们：

你们好么……

我是唐吉，我很想念你们，我想你们现在一定很快乐吧！不知道你们破解出无字书的秘密了吗？我在无字书上写的那一句话是：愿你们永远开心快乐，我会永远想念你们。

进入梦乡